信息安全
反违章工作手册

（普及版）

国家电网公司 编

图书在版编目（CIP）数据

信息安全反违章工作手册：普及版／国家电网公司编.
—北京：中国电力出版社，2013.1（2018.3重印）
ISBN 978-7-5123-3801-2

Ⅰ.①信… Ⅱ.①国… Ⅲ.①信息安全－手册 Ⅳ.①TP309-62

中国版本图书馆CIP数据核字（2012）第287837号

中国电力出版社出版发行
（北京市东城区北京站西街19号 100005 http://www.cepp.sgcc.com.cn）
北京瑞禾彩色印刷有限公司印刷

*

2013年1月第一版 2018年3月北京第十二次印刷
889毫米×1194毫米 32开本 2.625印张 60千字
定价 12.00 元

版 权 专 有 侵 权 必 究

本书如有印装质量问题，我社发行部负责退换

信息安全基本方针	安全第一、预防为主、综合治理
信息安全责任	谁主管谁负责、谁运行谁负责、谁使用谁负责
信息安全保密纪律	涉密不上网、上网不涉密
"三同步"原则	坚持信息安全与信息化工作同步规划、同步建设、同步投入运行
"三纳入"原则	将等级保护纳入信息安全工作中,将信息安全纳入信息化中,将信息安全纳入公司安全生产管理体系中
信息安全防护策略	管理信息系统安全防护策略:分区分域、安全接入、动态感知、全面防护
	电力二次系统安全防护策略:安全分区、网络专用、横向隔离、纵向认证

前言
Preface

　　信息安全作为生产自动化和管理信息化深入推进的重要保障，其基础性、全局性、全员性作用日益增强，对电网安全有着重大影响。

　　信息安全习惯性违章是指相关人员由于安全意识不足，以及对安全事件的危害认识不够，在日积月累中渐渐养成的一种不良习惯。为帮助国家电网公司广大员工提高信息安全意识，认识和克服日常工作中的信息安全习惯性违章行为，防止信息泄密事件发生，实现"三个确保八个不发生"，公司组织编写了《信息安全反违章工作手册》，旨在为广大员工对照检查和克服信息安全习惯性违章行为提供帮助。

　　针对普通信息系统用户和信息化工作人员等不同读者对象，《信息安全反违章工作手册》分成了普及版和专业版两个版本。本书是普及版，整理出了网络安全、终端安全、数据安全、应用安全、账户安全和其他安全六类，共70种信息安全习惯性违章行为，并对每种行为提出了防范措施与建议，对广大员工提高信息安全意识、更好地辨识和克服信息安全违章行为，起到很好的参考作用。

　　在《信息安全反违章工作手册》的编写过程中得到了国家级专家、公司专家、各单位领导及相关信息安全管理与技术人员的大力支持，他们提出了大量的宝贵意见和建议；河南省电力公司承担了大量的编写工作，在此一并表示衷心感谢！

国家电网公司办公厅
国家电网公司信息通信部
2012年11月

目录
Contents

前言

A 网络安全类

A-1 内网违规外联/2

A-2 内网使用无线网络组网/3

A-3 外网无线网络未启用安全措施/4

A-4 内网计算机开启文件共享/5

A-5 私自架设互联网出口/6

A-6 私自接入公司信息内、外网/7

A-7 私自架设网络应用/8

A-8 私自更改IP、MAC地址/9

A-9 点击互联网网站上的不明链接/10

A-10 对网络下载的文件未进行病毒检查/11

B 终端安全类

B-1 计算机及外部设备违规修理/13

B-2 私自更换计算机配件/14

B-3 私自重装计算机系统/15

B-4 私自卸载桌面终端和防病毒软件/16

B-5 桌面终端注册信息不准确/17

B-6 安装非办公类软件/18

B-7 安装盗版软件/19

B-8 补丁更新不及时/20
B-9 内网计算机使用无线外部设备/21
B-10 离开计算机时未启用带密码的屏保/22
B-11 智能手机、平板电脑等连接内网计算机/23
B-12 内、外网混用计算机、打印机、多功能一体机等设备/24
B-13 网络打印机使用默认配置/25
B-14 网络打印机未及时清理内存/26
B-15 下班不关机/27

C 数据安全类

C-1 使用安全移动存储介质前未杀毒/29
C-2 安全移动存储介质使用初始密码/30
C-3 安全移动存储介质使用不当/31
C-4 未妥善保管安全移动存储介质/32
C-5 在非办公场所处理公司敏感文件/33
C-6 使用智能手机、平板电脑等处理敏感文件/34
C-7 透露公司敏感信息/35
C-8 违规处理国家秘密信息/36
C-9 违规存储公司商业秘密文件/37
C-10 随意确定文件密级并进行标识/38
C-11 报废设备中数据未及时清理/39

D 应用安全类

D-1 应用系统使用结束后未注销账户/41

D-2 未及时进行权限变更/42

D-3 应用系统上线前未经安全检测/43

D-4 账户共用/44

D-5 用外网邮箱发送涉及国家秘密及公司商业秘密的邮件/45

D-6 内网发送公司商业秘密信息不加密/46

D-7 用社会邮箱发送工作文件/47

D-8 使用公司邮箱注册社会网站/48

D-9 开启邮件自动转发功能/49

D-10 打开来源不明的邮件/50

 E 账户安全类

E-1 办公计算机不设开机密码/52

E-2 使用弱口令或空口令/53

E-3 Guest账户未禁用/54

E-4 随意标识密码/55

E-5 未定期更换密码/56

E-6 密码自动保存/57

E-7 用户名和密码复用/58

E-8 用户名和密码外泄/59

F 其他安全类

F-1　机房门禁卡外借/61

F-2　未经批准出入机房/62

F-3　未按要求执行"两票"制度/63

F-4　发生信息安全事件时未及时报告/64

F-5　信息系统开发环境与实际运行环境未分离/65

F-6　对外网站未在公司进行备案或对外网站标识不准确/66

F-7　对外网站未部署防篡改系统/67

F-8　将承担安全责任的对外网站托管于外部单位/68

F-9　私设外网邮件系统/69

F-10　内、外网站未使用公司统一域名/70

F-11　未签署保密协议/71

F-12　员工离岗时未完成保密与安全相关程序/72

F-13　违规进行远程维护/73

F-14　信息系统检修未上报/74

F-15　在运信息系统未备案/75

F-16　在公共场所无防范意识/76

A

网络安全类

A-1

● **违章名称**

　　内网违规外联

● **违章现象**

　　内网违规外联将导致内网信息存在暴露于互联网上的风险，主要有以下几种现象：①内网计算机接入外网；②外网计算机接入内网；③内网计算机利用无线上网卡上网；④内网笔记本电脑打开无线功能；⑤智能手机或平板电脑接入内网计算机充电；⑥内、外网网线错插。

● **措施与建议**

　　禁止内、外网混用计算机，严禁内网计算机违规使用3G上网卡、智能手机、平板电脑、外网网线等上网手段连接互联网的行为，严禁内网笔记本电脑打开无线功能，应通过桌面终端管理软件对该行为进行监控、阻断、告警等管理。

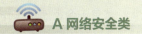 A 网络安全类

A-2

- **违章名称**

   内网使用无线网络组网

- **违章现象**

   无线网络安全性较低，内网是公司信息业务应用承载网络和内部办公网络。信息内网使用无线网络组网，或利用无线路由器搭建小型无线网络连接内网，安全上存在一定风险。

- **措施与建议**

   禁止信息内网使用无线网络组网。

A-3

违章名称
外网无线网络未启用安全措施

违章现象
外网无线网络未启用访问控制、身份认证等安全措施，存在外部攻击者非法进入公司网络的风险。

请出示您的用户名、密码等"有效证件"

措施与建议
外网无线网络应启用网络接入控制和身份认证，应用高强度密码，隐藏无线网络名等有效措施，防止无线网络被外部攻击者非法进入，确保无线网络安全。

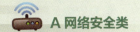 A 网络安全类

A-4

违章名称

内网计算机开启文件共享

违章现象

在内网计算机上违规开启文件共享功能,导致共享资源极易被他人非法获取。

措施与建议

在内网计算机上关闭文件共享,信息运维部门应对内网计算机的共享资源进行扫描,发现问题,及时处理。

A-5

● **违章名称**

　　私自架设互联网出口

● **违章现象**

　　在外网私自建设互联网出口，未使用公司统一互联网出口，也未向公司报备，存在互联网出口安全防护较低，甚至无防护措施的情况，致使信息外网安全强度降低。

● **措施与建议**

　　禁止私自架设互联网出口，禁止外网计算机使用ADSL或3G上网卡上网，应利用统一互联网出口上网，所有互联网出口必须向公司进行报备，并在互联网出口上部署公司要求的安全防护与安全监测设备，以保障公司外网安全。

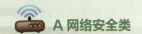 A 网络安全类

A-6

- **违章名称**

    私自接入公司信息内、外网

- **违章现象**

    未经审批,将智能手机、笔记本电脑、无线路由器等设备私自接入公司信息内、外网,可能使设备中存在病毒、木马或漏洞,给公司信息内、外网带来安全风险。

- **措施与建议**

    设备接入公司信息内、外网时,必须向信息运维部门提交入网申请,严禁未经许可私自接入公司信息内、外网。

A-7

违章名称
私自架设网络应用

违章现象
在公司信息内、外网私自架设网站、论坛、文件服务器、游戏服务器等应用。

措施与建议
信息内网是公司信息化"SG186工程"业务应用承载网络和内部办公网络,信息外网是对外业务网络和访问互联网用户终端网络,严禁利用公司信息内、外网私自提供网络应用服务。

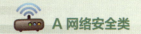

A-8

- **违章名称**

    私自更改IP、MAC地址

- **违章现象**

    私自更改办公计算机的IP、MAC地址。

- **措施与建议**

    公司IP地址已统一规划,MAC地址已与IP地址绑定并作为网络准入措施之一,如确实需要变更,应联系信息运维部门。

A-9

违章名称

点击互联网网站上的不明链接

违章现象

随意点击互联网网站上的不明链接，容易感染病毒或被植入木马。

措施与建议

养成良好的上网习惯，不浏览不熟悉的网站，不随意打开未知链接。

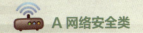 A 网络安全类

A-10

● **违章名称**

对网络下载的文件未进行病毒检查

● **违章现象**

未利用防病毒软件对来自网络的文件进行病毒扫描检查,一些恶意文件中会包含病毒或木马,从而造成对计算机的感染。

● **措施与建议**

按照要求统一安装防病毒软件,不得随意关闭在线查杀功能,下载文件必须进行病毒扫描检查。

B

终端安全类

B-1

◦ **违章名称**

　　计算机及外部设备违规修理

◦ **违章现象**

　　私自找外部单位维修处理办公计算机及外部设备，造成信息泄露。

◦ **措施与建议**

　　将有故障的办公计算机及外部设备统一交由公司计算机运维人员处理，严禁私自送修。

B-2

违章名称
私自更换计算机配件

违章现象
私自更换计算机主要配件，造成计算机信息泄露。

措施与建议
禁止私自更换计算机配件，如硬盘、主板、网卡等。如确实需更换，应向信息运维部门申请，并由其及时销毁旧配件。

B-3

违章名称
私自重装计算机系统

违章现象
私自重装办公计算机系统，会造成公司统配的安全防护软件安装不完整，致使办公计算机安全管理失控。

措施与建议
将有操作系统或软件故障的办公计算机统一交由计算机运维人员处理，严禁私自重装。

B-4

违章名称
私自卸载桌面终端和防病毒软件

违章现象
私自将桌面终端、防病毒等软件卸载，致使计算机安全管理失控，造成安全隐患。

措施与建议
计算机应统一安装桌面终端、防病毒软件等，严禁私自卸载。

B-5

违章名称
桌面终端注册信息不准确

违章现象
在内、外网桌面终端注册时不使用真实信息，使用人员变更时未及时更新，造成管理混乱。

措施与建议
按照桌面终端管理要求真实准确地填写用户信息，当使用人员变更时，应及时更新相关信息。

B-6

违章名称
安装非办公类软件

违章现象
在连接公司网络的计算机上安装非办公类软件（如游戏、炒股软件等）。

措施与建议
公司信息内、外网是支持公司内部办公的网络，禁止在连接公司网络的计算机上安装非办公类软件。

B-7

违章名称

安装盗版软件

违章现象

在办公计算机上安装盗版软件。因盗版软件来历不明,存在各类安全漏洞,甚至附带病毒木马,增加了计算机感染病毒或遭受网络攻击的风险。

措施与建议

安装正版软件或公司统一指定的办公、应用与运维软件,如需安装其他软件,需咨询信息运维部门。

B-8

违章名称
补丁更新不及时

违章现象
内、外网计算机未及时更新各种补丁,存在漏洞被恶意人员利用而发生各类安全事件的风险。

措施与建议
定期进行补丁更新。

 B 终端安全类

B-9

违章名称
内网计算机使用无线外部设备

违章现象
内网办公计算机使用带有无线功能的鼠标、键盘等无线外部设备，容易造成信息泄露，因为无线网络传输的数据比有线网络更容易被恶意人员截获，存在安全隐患。

措施与建议
禁止在内网办公计算机上使用无线键盘、无线鼠标等无线外部设备。

违章名称

离开计算机时未启用带密码的屏保

违章现象

办公用计算机未设置带有密码的屏幕保护程序,存在离开计算机后计算机存储或显示的内容被未授权人员获取的风险。

措施与建议

办公用计算机应设置"恢复时使用密码保护"功能,建议设置自动锁定时间在5分钟以内。

B 终端安全类

B-11

- **违章名称**

  智能手机、平板电脑等连接内网计算机

- **违章现象**

  个人智能手机、平板电脑等带有无线上网功能的设备接入内网计算机进行充电或软件管理，可能会存在内网信息外泄的风险。

- **措施与建议**

  禁止在内网办公计算机上安装个人智能移动终端管理软件，对个人智能移动终端进行操作管理等。

B-12

违章名称
内、外网混用计算机、打印机、多功能一体机等设备

违章现象
同一台计算机、打印机、多功能一体机等设备在内、外网交叉使用，会导致内网信息外泄。

禁止交叉使用

措施与建议
内、外网上的计算机、打印机、多功能一体机等设备应专网专用，严禁混用。

B-13

违章名称

网络打印机使用默认配置

违章现象

网络打印机未设置强口令,未关闭FTP、SNMP等不必要的服务,会导致相关服务端口被非法利用,造成信息泄密。

措施与建议

为网络打印机设置强口令,关闭不必要的服务,或交由信息运维部门进行安全加固。

B-14

违章名称
网络打印机未及时清理内存

违章现象
没有及时清理网络打印机内存，存在办公信息泄露的风险。

措施与建议
在使用网络打印机打印重要文件后，要及时清理内存，保证打印机不再包含文件信息。

B 终端安全类

B-15

● **违章名称**

下班不关机

● **违章现象**

当下班离开后,不关闭计算机及外部设备,存在恶意人员在此期间利用计算机漏洞对计算机进行攻击和窃密的风险。

● **措施与建议**

加强信息安全与节能环保意识,下班时及时关闭计算机及外部设备,防范计算机遭受攻击。

C

数据安全类

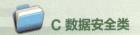 **C 数据安全类**

C-1

违章名称
使用安全移动存储介质前未杀毒

违章现象
使用U盘等安全移动存储介质时，直接打开，不杀毒、不检查。

措施与建议
使用U盘等安全移动存储介质前要按提示进行自动病毒检查或手动进行病毒检查。

违章名称

安全移动存储介质使用初始密码

违章现象

未更改安全移动存储介质初始密码,容易导致介质在被非法获取时,介质中存放的信息遭到泄露。

措施与建议

在初次使用安全移动存储介质时,应更改其初始密码,密码应设置成8位以上数字和字母或特殊符号的组合。

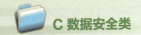

C-3

违章名称
安全移动存储介质使用不当

违章现象
在使用公司的安全移动存储介质时,没有按规定存放文件。

措施与建议
使用安全移动存储介质存储文件时,普通文件应存放在交换区,涉及公司商业秘密的信息须存放在保密区。禁止在安全移动存储介质启动区内存放文件。

C-4

违章名称
未妥善保管安全移动存储介质

违章现象
责任人随意将安全移动存储介质外借，或丢失后不及时上报，存在介质被恶意人员获取、破解介质的密码算法、盗取介质存储信息的风险。

措施与建议
对各类安全移动存储介质应明确保管人，并进行妥善保存，禁止外借，避免损坏、丢失。一旦安全移动存储介质丢失应及时向信息管理部门和信息运维部门报告。

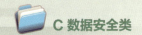

C-5

违章名称
在非办公场所处理公司敏感文件

违章现象
将与工作相关的公司敏感信息文件带至非办公场所,并在与互联网相连的计算机上进行处理。

措施与建议
含有敏感内容的办公文件应在公司内网进行处理,禁止带至非办公环境中进行处理。

违章名称
使用智能手机、平板电脑等处理敏感文件

违章现象
使用智能手机、平板电脑等移动终端存放或处理公司敏感信息文件,造成敏感信息泄露。

措施与建议
禁止将办公文件存入智能手机、平板电脑等移动终端中,应在信息内网办公专用计算机上进行处理。

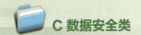

C-7

- **违章名称**

透露公司敏感信息

- **违章现象**

通过互联网网站、论坛、微博等传播与公司相关的敏感文件，与无关人员谈论涉及国家秘密及公司商业秘密的信息。

- **措施与建议**

提高信息安全保密意识，禁止在私人交往和通信中涉及国家秘密或公司商业秘密。

- **违章名称**

 违规处理国家秘密信息

- **违章现象**

 在非涉密计算机上处理国家秘密信息。

- **措施与建议**

 国家秘密信息应按照公司保密要求在涉密计算机和涉密移动存储介质上进行处理或存储。

 C 数据安全类

C-9

违章名称
违规存储公司商业秘密文件

违章现象
在除涉密计算机、内网计算机、安全移动存储介质保密区以外的位置存放公司商业秘密文件。

措施与建议
公司商业秘密文件应存放在涉密计算机、内网计算机或移动存储介质的保密区里。

C-10

违章名称
随意确定文件密级并进行标识

违章现象
个人随意对文件进行密级标识并在信息内、外网存储。

措施与建议
确定文件密级工作要符合公司相关规定，并履行相应程序。

C-11

违章名称
报废设备中数据未及时清理

违章现象
对于报废和闲置的计算机、移动存储介质、打印机等设备未及时清理其中与工作相关的数据。

措施与建议
对报废及闲置的设备，应及时删除其中的工作数据，并送至信息运维部门统一进行处理。

D

应用安全类

D 应用安全类

D-1

违章名称

应用系统使用结束后未注销账户

违章现象

在应用系统使用结束后没有注销账户，导致他人可以使用该账户继续访问。

措施与建议

应用系统使用结束后应及时注销账户，检查再次登录是否需要重新输入用户名、密码，以确认注销账户是否成功。

D-2

违章名称
未及时进行权限变更

违章现象
发生岗位变更、人员离职等情况时未及时向信息运维部门申请变更应用系统中相关账户、权限等。

措施与建议
加强账户及权限管理,在人员岗位出现变动时应及时对相关账户、权限进行清理和分配,并对长期不使用及外部人员临时账户加强管理。

D-3

违章名称

应用系统上线前未经安全检测

违章现象

应用系统上线前未进行软件性能及源代码安全检测,也未进行安全测评。

措施与建议

应用系统上线前应由专业机构对应用系统进行安全测评,并进行源代码检测分析。

D-4

违章名称
账户共用

违章现象
随意将所保管账户借于他人使用,或多人共用同一账户,存在非授权用户登录系统,造成信息外泄情况。

措施与建议
禁止账户共用。

D-5

违章名称

用外网邮箱发送涉及国家秘密及公司商业秘密的邮件

违章现象

使用外网邮箱发送、处理涉及国家秘密及公司商业秘密的邮件。

措施与建议

涉及国家秘密的信息禁止通过信息内网、外网和互联网发送,涉及公司商业秘密的信息不能通过外网及互联网进行存储及传输。

D-6

违章名称

内网发送公司商业秘密信息不加密

违章现象

通过内网邮箱发送公司商业秘密信息时,没有进行压缩加密。

措施与建议

在使用内网邮箱发送公司商业秘密信息时,应进行加密压缩,并设置12位以上字母和数字或特殊字符组合的密码,严禁把密码写在邮件里,应通过其他安全的方式告知。

D-7

违章名称

用社会邮箱发送工作文件

违章现象

利用非公司邮箱发送与工作有关的文件，存在内部信息泄露的风险。

措施与建议

用外网邮箱处理与工作有关的信息时，必须使用公司统一外网邮箱，同时公司统一外网邮箱之间进行信息传送时采用加密协议，可有效保障外网邮件安全。

D-8

违章名称
使用公司邮箱注册社会网站

违章现象
在注册社会网站、论坛时使用公司邮箱,可能泄露邮箱密码而产生信息泄露,且容易收到垃圾邮件,影响正常办公。

措施与建议
在注册社会网站时,应使用社会邮箱进行注册,避免使用公司邮箱。

D 应用安全类

D-9

违章名称

开启邮件自动转发功能

违章现象

内、外网邮件系统开启自动转发功能,易造成信息泄露。

措施与建议

关闭邮件自动转发功能。

D-10

违章名称
打开来源不明的邮件

违章现象
打开来源不明的邮件,点击邮件中不明链接,下载邮件中未知附件。

措施与建议
禁止打开来源不明的邮件,不点击邮件中不明链接,不下载邮件中未知附件。

E

账户安全类

E-1

违章名称
办公计算机不设开机密码

违章现象
办公计算机开机自动登录或不设置开机密码。

措施与建议
办公计算机应设置强口令，登录操作系统时应手工输入密码。

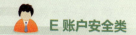

E 账户安全类

E-2

违章名称

使用弱口令或空口令

违章现象

在登录计算机操作系统或应用系统时,使用弱口令或空口令,以及Administrator账户未设置密码等。

措施与建议

修改密码,设置符合公司要求的密码强度(8位以上,数字和字母或特殊符号的组合),避免使用易猜测、默认及常用密码。

E-3

违章名称

Guest账户未禁用

违章现象

操作系统中启用了Guest账户。

措施与建议

在计算机控制面板——→用户账户中选取Guest账户，点击关闭来禁用Guest账户。

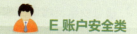

E-4

- **违章名称**

  随意标识密码

- **违章现象**

  随意将密码记录在明显的位置。

- **措施与建议**

  不要将密码标记在明显位置,也不要将其存放在计算机中。

E-5

违章名称
未定期更换密码

违章现象
长期使用同一个密码。

措施与建议
定期更换密码,不能超过3个月。在操作系统安全策略中设置密码过期时间,并取消账户中密码永不过期的设置。

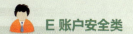

E-6

- **违章名称**

  密码自动保存

- **违章现象**

  应用系统、邮箱等登录密码设置为自动保存。

- **措施与建议**

  取消密码自动保存功能,手动输入密码。

E-7

违章名称

用户名和密码复用

违章现象

操作系统、应用系统、邮箱共同使用同一个用户名或密码。

措施与建议

不同的操作系统、应用系统应分别使用不同的用户名或密码。

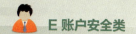

E-8

违章名称
用户名和密码外泄

违章现象
将工作计算机或应用系统的密码泄露给无关人员。

措施与建议
提高防范意识,不要将自己的用户名和密码告诉他人,定期更换密码。不在社会网站上注册与公司内、外网邮箱或业务应用系统相同的用户名与密码。

F

其他安全类

F-1

违章名称
机房门禁卡外借

违章现象
将机房门禁卡随意外借。

措施与建议
严格执行机房管理制度,严禁将机房门禁卡借与他人使用。

F-2

违章名称
未经批准出入机房

违章现象
未经批准出入机房，不履行登记手续。

措施与建议
出入机房前应经过相关人员批准并履行登记手续。

F 其他安全类

F-3

违章名称
未按要求执行"两票"制度

违章现象
工作人员未严格执行"两票"(工作票、操作票)制度。

措施与建议
工作人员操作须严格执行"两票"制度,做到无"两票"不操作,保障"两票"填写规范实用。

F-4

违章名称

发生信息安全事件时未及时报告

违章现象

在发生信息系统安全事件时未按规定及时上报。

措施与建议

发生信息系统安全事件时应严格按照《国家电网公司安全事故调查规程》及时上报。

F 其他安全类

F-5

- **违章名称**

  信息系统开发环境与实际运行环境未分离

- **违章现象**

  信息系统开发环境与实际生产运行环境未分离。

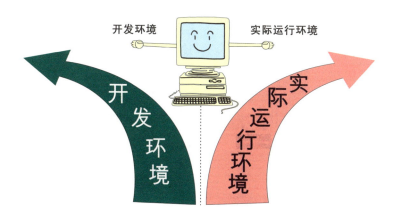

- **措施与建议**

  信息系统开发环境应与实际生产运行环境进行分离。

违章名称

对外网站未在公司进行备案或对外网站标识不准确

违章现象

对外网站未到公司备案。对外网站没有在醒目位置标注符合公司要求的标识或标识不准确。

措施与建议

对外网站应在公司备案,纳入统一防护,上线前要进行安全测试,并在醒目位置显示符合公司要求的标识,要标识注册版权声明、ICP备案号、隐私与安全、网站维护单位及联系方式等内容,同时主色调必须采用公司统一标准色。

F 其他安全类

F-7

- **违章名称**

　　对外网站未部署防篡改系统

- **违章现象**

　　对外网站未按要求部署防篡改系统，易造成网页被篡改事件发生。

- **措施与建议**

　　对外网站应严格按照公司要求部署防篡改系统。

F-8

违章名称

将承担安全责任的对外网站托管于外部单位

违章现象

将承担安全责任的对外网站托管于外部单位,造成信息泄露事件。

措施与建议

禁止将承担安全责任的对外网站托管于外部单位,应由公司系统内单位运维及管理。

F-9

违章名称
私设外网邮件系统

违章现象
未使用公司统一外网邮件系统,甚至私设外网邮件系统。

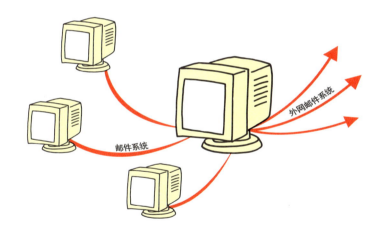

措施与建议
应使用公司统一外网邮件系统,禁止私设外网邮件系统。

F-10

违章名称
内、外网站未使用公司统一域名

违章现象
内、外网站未使用公司统一域名。

措施与建议
内、外网站均需使用公司统一域名，并严格按照要求及时进行备案。

F 其他安全类

F-11

违章名称
未签署保密协议

违章现象
员工没有签订保密承诺书。在对外项目合作中没有通过保密协议或合同中相关保密条款明确保密内容及保密责任。

措施与建议
严格执行公司保密制度,员工要定期签订"员工保密承诺书",涉密人员要签订"涉密人员保证书"。对外合作项目合同双方要签订保密协议或通过合同条款明确保密内容及义务。

F-12

违章名称
员工离岗时未完成保密与安全相关程序

违章现象
员工离岗时未注销账户和取消访问权限。涉密人员没有签订保密承诺书。

措施与建议
有人员离岗时，信息运维部门应及时注销其在信息系统中的所有账户，取消访问权限。涉密人员离岗时还应签订"涉密人员离岗保密承诺书"。

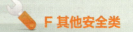

F-13

违章名称
违规进行远程维护

违章现象
通过互联网、信息外网违规接入信息内网进行远程维护。

措施与建议
除生产控制大区的运行维护应通过国家认证的安全拨号网关或类似设备进行外，不得通过互联网或信息外网远程运维方式接入内网进行设备和系统的维护及技术支持工作。

F-14

违章名称
信息系统检修未上报

违章现象
信息系统需要检修时,未履行相关流程,私自进行在线调试和修改。

措施与建议
在信息系统需要检修时,应认真履行相关流程和审批制度,执行"两票"制度,不得擅自进行在线调试和修改,相关维护操作在测试环境通过后再部署到正式环境。

F-15

违章名称
在运信息系统未备案

违章现象
在运信息系统未向公司备案,并接入公司内、外网。

措施与建议
在运信息系统应向公司备案,未报公司备案的信息系统严禁接入公司信息内、外网运行。

F-16

违章名称
在公共场所无防范意识

违章现象
在公共场所随便谈论或用计算机处理公司相关信息，存在信息泄露的风险。

措施与建议
提高信息安全防范意识，避免在公共场所谈论和处理公司信息。